Gunnar Söhlke

Exkursionsbericht: Pflanzensoziologische Aspekte des Nordwestdeutschen Tieflands und angrenzender Niederländischer Gebiete

GRIN Verlag

Bibliografische Information der Deutschen Nationalbibliothek:

Die Deutsche Bibliothek verzeichnet diese Publikation in der Deutschen Nationalbibliografie; detaillierte bibliografische Daten sind im Internet über http://dnb.d-nb.de/ abrufbar.

Impressum:

Druck und Bindung: Books on Demand GmbH, Norderstedt Germany
ISBN: 978-3-638-77615-8

Dieses Buch bei GRIN:

http://www.grin.com/de/e-book/39122/exkursionsbericht-pflanzensoziologische-aspekte-des-nordwestdeutschen

Exkursionsbericht: Pflanzensoziologische Aspekte des Nordwestdeutschen Tieflands und angrenzender Niederländischer Gebiete

Zu der Exkursion vom 19.08.04 bis 22.08.04

Vorgelegt von: Gunnar Söhlke

Institut für Geobotanik
Universität Hannover

Inhaltsverzeichnis

1) Einleitung

Dies ist der Exkursionsbericht zu einer pflanzensoziologischen Exkursion vom 19.08.04 – 22.08.04 im Bereich des Nordwestdeutschen Tieflandes und angrenzender niederländischer Regionen. Dabei wurde zum einen das Naturschutzgebiet Heiliges Meer und das Borkener Paradies an einem Emsaltarm bei Meppen näher untersucht, sowie zwei Standorte in den Niederlanden, der Kootwijkerzand und der Nationalpark de Hooge Veluwe. Es handelte sich dabei vorrangig um Vegetationsformen der Heide und anderer sandiger „Magerstandorte“ sowie die Gewässer (begleitende) Vegetation der Seen im Gebiet des NSG Heiliges Meer.

2) Naturschutzgebiet Heiliges Meer

Das Naturschutzgebiet Heiliges Meer liegt im nördlichen Randgebiet von Nordrheinwestfalen zwischen den Städten Hopsten, Recke und Hörstel. Es wurde 1930 offiziell zum Naturschutzgebiet erklärt, war aber zu der Zeit bereits im Besitz des Westfälischen Provinzialverbandes (heute Landschaftsverband Westfalen-Lippe). Sein Gebiet wurde über die Jahre durch Ankauf von umliegenden Flächen auf heute etwa 90 ha erweitert. Es umfasst mit dem „Großen Heiligen Meer“, dem „Erdfallsee“ und dem „Heideweiher“ drei größere Seen und noch weitere kleinere Gewässer mit Röhricht- und Bruchwaldbereichen, sowie umliegenden Heideflächen. Es handelt sich um natürliche Gewässer von denen das Heilige Meer und der Erdfallsee, sowie kleinere Tümpel durch „Erdfallereignisse“ entstanden sind. Diese kommen dadurch zustande, dass in tieferen Bodenschichten liegende Gips-, Anhydrit- und Steinsalzlager durch Grundwasser ausgewaschen werden und so Hohlräume entstehen, die dann einstürzen können. An der Oberfläche können dann innerhalb von wenigen Stunden zylinderförmige Einsenkungen von über 10 m Tiefe entstehen. Zuletzt konnte dieses Ereignis in größerem Ausmaß im April 1913 beobachtet werden, als auf einer kreisförmigen Fläche von etwa 100 m Durchmesser der Boden langsam einbrach und eine ca. 11 m tiefe Einsenkung gebildet wurde, die sich langsam mit Wasser füllte. Der „Erdfallsee“ stellt das jüngste größere Gewässer des Naturschutzgebiets dar und ist noch als oligotropher See einzustufen. Durch ständigen Nährstoffeintrag bedingt zeigt er allerdings bereits Übergänge zum mesotrophen Gewässertyp. Das Große Heilige Meer ist wahrscheinlich zwischen 400 und 600 n. Chr. entstanden und weist aufgrund seines höheren Alters und dem beständigen Nährstoffeintrag einen mäßig eutrophen Zustand auf. Der Heideweiher ist ein typisch dystrophes Gewässer. Das Wasser ist aufgrund des Untergrundes aus Torfschlamm reich an Huminsäuren und hat eine bräunliche Farbe, der pH-Wert ist dementsprechend niedrig [Abschnitt nach: TERLUTTER 2004].

2.1) Vegetation des Erdfallsees:

Der Uferbereich des Erdfallsees zeigt eine typische sand-oligotrophe Vegetationszonierung auf Protopedon. Hier findet sich bis zu einer Wassertiefe von max. 50 cm stellenweise die sehr seltene Wasserlobelie (*Lobelia dortmanna*), ein Glockenblumengewächs welches auf sehr klares und somit nährstoffarmes Wasser angewiesen ist. Zusammen mit dem näher zum Ufer hin wachsenden Strandling (*Littorella uniflora*) bildet sie die Pflanzengesellschaft des **Isoeto-Lobelietum** eine durch Trophierung stark gefährdete, sehr seltene Pflanzengesellschaft [POTT 1999]. Der Strandling ist ein interessantes Gewächs aus der Familie der Wegerichgewächse. Er bildet ein recht großes Wurzelsystem aus und ist gut an Überflutung angepasst indem er sowohl zum C3- als auch zum CAM-Metabolismus fähig ist und zusätzlich auch CO_2 aus dem Substrat aufnehmen kann. Seine Wuchsform als Sprossrosette wird auch als Isoetider-Wuchs bezeichnet und hat den Vorteil nur kurzer Stofftransportwege [POTT 1995]. An weiteren Pflanzen finden sich noch Sumpfhartheu (*Hypericum elodes*) und der Wassernabel (*Hydrocotyle vulgaris*). In einem kleinen Uferbereich wächst seit einiger Zeit auch *Phragmites australis*, was auf den steigenden Nährstoffgehalt des Gewässers (und die Hauptzustromrichtung!) hindeutet.

2.2) Vegetation des Heideweihers:

Der Heideweiher ist ein sehr flaches, dystroph-mesotrophes Gewässer, mit interessanter Vegetationsstruktur. Der Weiher ist am tiefsten Punkt lediglich 1,5 m tief und kann bei längeren regenfreien Perioden auch trockenfallen, da er nicht Grundwassergespeist ist. Zur Mitte des Weihers hin findet sich die Pflanzengesellschaft des **Nymphaetum albo-minoris** mit der kleinwüchsigen und kleinblütigen Form der weißen Seerose *Nymphaea alba*, welche in einer „Trockenvariation“ und in einer „Feuchtevariation“ mit heteromorphen Blätter auftreten kann (Abbildung 1). Am Rande des Weihers findet sich die Gesellschaft des **Sphagnetum cuspidato-denticulati** wo neben dem auch zeitweise Trockenheit ertragenden Torfmoos *Sphagnum cuspidatum* hauptsächlich die Binse *Juncus bulbosus* vorkommt, man könnte wohl auch von einem Sphagno-Juncetum bulbosi sprechen (Abbildung 2).

1

2

Abbildung 1: Blätter von *Nymphaea alba var. minor* „Trockenform“

Abbildung 2: *Sphagnum cuspidatum* und *Juncus bulbosus* am Heideweiher

Weitere Arten waren auch hier der Wassernabel (*Hydrocotyle vulgare*) und einige andere Torfmoosarten. Am Ufer des Heideweihers findet sich dann eine 1-2 m breite Zone mit Gagelgebüsch (*Myrica gale*), auf die ein Birkenbruchwald folgt (Abbildung 3).

Abbildung 3:
Vegetationszonierung am Heideweiher. Auf die teilweise stark schwankende Wasserfläche folgt die Zone des **Sphagnetum cuspidato-denticulati**. Am Ufer schließt sich eine Gagelstrauchzone an, auf die ein Birkenbruchwald folgt.

2.3 Vegetation des Großen Heiligen Meeres

Aufgrund seines eutrophen Charakters und seiner geologischen Struktur weist das Große Heilige Meer die artenreichste Vegetation der Gewässer auf. An seiner tiefsten Stelle reicht der See etwa 10 m in die Tiefe und weist zusätzlich eine bis zu 9 m mächtige Sedimentschicht – hauptsächlich Sapropel – auf [TERLUTTER 2004]. An dem See lässt sich sehr schön eine Vegetationsgliederung in Schwimmblattzone – Röhrichtbereich – Gebüsch – und Bruchwaldzone beobachten (Abbildung 4).

Abbildung 4:
Vegetationszonierung am Großen Heiligen Meer.
Die einzelnen Zonen: Schwimmblattgürtel, Röhricht, Weiden-Faulbaum Gebüsch und Erlenbruchwald sind gut zu erkennen.

Der Schwimmpflanzengürtel beginnt vom Wasserkörper her mit dem Bereich der Spiegellaichkrautgesellschaft **Potamogetonetum lucentis,** wobei diese im Großen Heiligen Meer jedoch nicht sehr stark ausgeprägt ist. Auf sie folgt die Zone des **Myriophyllo-**

Nupharetum die deutlich an den großen Schwimmblättern der weißen Seerose (*Nymphaea alba*) und der gelben Teichrose (*Nuphar lutea*) zu erkennen ist. Etwas kleinere und lanzettliche Blätter gehören dem Wasserknöterich (*Polygonum amphibium*), einem Amphiphyten der sowohl unter Wasser (fo. *natans*) leben kann und Schwimmblätter ausbildet, als auch im nassen Uferbereich aufrecht zu gedeihen vermag. Als weitere Art fand sich noch *Ranunculus circinatus* eine submers lebende, ihre Blüten jedoch über die Wasseroberfläche emporhebende Pflanze. *Myriophyllum verticillatum* konnte nicht gefunden werden, da für diese Art anscheinend schon zu eutrophe Verhältnisse vorherrschen.

Die Röhrichtzone setzt sich aus zahlreichen Arten zusammen, die unter der Gesellschaft des **Scirpo-Phragmitetum** zusammengefasst werden können. Die vorherrschende Art ist das Schilf *Phragmites australis* in welches die Teichbinse *Scirpus lacustris* und der Schmalblättrige sowie der Breitblättrige Rohrkolben (*Thypha angustifolia, T. latifolia*) eingestreut sind. Im flacheren Wasser kommen dann Arten wie die Wasserminze (*Mentha aquatica*), der Ufer-Wolfstrapp (*Lycopus europaeus*), Sumpfschwertlilie (*Iris pseudacorus*), Sumpffingerkraut (*Potentilla palustris*) und die seltenere Art straußblütiger Gilbweiderich (*Lysimachia thyrsiflora*) sowie weitere Arten hinzu. Zum Ufer hin wird der Röhrichtgürtel aufgrund aufkommenden Lichtmangels kümmerlicher und wird durch Ufergehölze verdrängt. Hier findet sich die Pflanzengesellschaft des **Carici elongatae-Alnetum** mit *Carex elongata, Alnus glutionsa, Frangula alnus, Salix aurita* und *S. cineria* (Bestandteile des **Frangulo-Salicetum**) und weitere Arten im Übergang zum Erlenbruchwald, der die Abschlussgesellschaft bildet [POTT 1999] (Abbildung 5).

Abbildung 5:
Verlandungsbereich am Ufer des Großen Heiligen Meeres mit den Arten *Phragmites australis, Carex elongata, Frangula alnus und Alnus glutinosa*

2.4) Vegetation der Heideflächen

Etwa ein viertel der Fläche des Naturschutzgebietes Heiliges Meer sind Heideflächen. Diese im frühen Mittelalter durch Abholzung und intensive Beweidung entstandenen nährstoffarmen Sandstandorte, nahmen einst große Flächen in ganz Nordwestdeutschland ein. Ende des 18. Jh. wurde dann Großflächig mit der Aufforstung dieser Flächen und später unter Düngemitteleinsatz auch mit ihrer landwirtschaftlichen Nutzung begonnen. Heute sind wenige Flächen unter Naturschutz gestellt worden, um diesen Landschafts- und Vegetationstyp fragmentarisch zu erhalten. Dies ist allerdings nur durch gezieltes Eingreifen des Menschen möglich und erfordert in erster Linie eine Beweidung der Heide [POTT 1999]. Auch die zunehmende Trophierung der Flächen durch Nährstoffeinträge von Außen stellt eine Gefahr für die Vegetationstypen dar, da so die offenen mageren Sandstandorte mit der Zeit von einer geschlossenen Folgevegetation bedeckt werden und die Sukzession schließlich zum Wald führt.

Am Heiligen Meer finden sich drei verschiedene Heidetypen mit zahlreichen kleinflächigen Pflanzengesellschaften, die sich hinsichtlich ihrer Wasser- und Nährstoffversorgung unterscheiden. Man kann grob Bereiche der feuchten und trockenen Heide, sowie Bereiche mit besserer Nährstoffversorgung voneinander abgrenzen (Abbildung 6).

Abbildung 6:
Heideaspekt im Naturschutzgebiet Großes Heiliges Meer

In den feuchteren Bereichen finden sich vor allem Arten wie die Glockenheide (*Erica tetralix*), verschieden Torfmoose z.B. *Sphagnum compactum* und *S. tenellum*, sowie weißes und braunes Schnabelried (*Rhynchospora alba, R. fusca*), mittlerer Sonnentau (*Drosera intermedia*) und Pfeifengras (*Molinia cerulea*). In trockeneren Bereichen treten vermehrt Krähenbeere (*Empetrum nigrum*), Besenheide (*Caluna vulgaris*) und verschieden Begleitarten wie *Rumex acetosella, Festuca ovina, Potentilla erecta* und auch zahlreiche Kryptogame wie z.B. das „Problemmoos" *Campylopus introflexus* oder seltenere Rentierflechten z.B. *Cladonia portentosa* auf. Auf den etwas anspruchsvolleren Böden kommen vereinzelt zwei Ginsterarten vor, der englische Ginster (*Genista anglica*) und der behaarte Ginster (*Genista pilosa*). Nach

RUNGE und HALLEKAMP [aus TERLUTTER 2004] können unter anderem folgende Pflanzengesellschaften voneinander abgegrenzt werden:

Ericetum tetralicis
Erico tetralicis-Molinietum
Rhynchosporetum albae
Genisto-Callunetum molinietosum
Genisto-Callunetum typicum
Genisto-Callunetum empetretosum

3) Das Naturschutzgebiet Borkener Paradies

Das Borkener Paradies – im Emstal S-W von Meppen gelegen – kann als intakte Reliktfläche einer traditionellen Laubholz-Hudelandschaft angesehen werden und ist eines der eindrucksvollsten und bedeutendsten Naturschutzgebiete nicht nur des Emslandes. Das von einem Emsaltarm umschlossene, ca. 35 h große Gebiet, ist geologisch im Wesentlichen aus glazialen Sanden und Tal- sowie Terrassensanden der Ems aufgebaut. Seine einzigartige Vegetationsausgestaltung kommt durch die seit Jahrhunderten andauernde Hudetradition und die Besonderheit der naturräumlichen Gliederung des Gebietes zustande. Neben Dünenbereichen finden sich alte Flutrinnen und Auenbereiche, die auch heute noch bei Hochwasser periodisch überschwemmt werden können, sowie ein Zentral gelegener Emsaltwasser-Teich. Der Charakter des Hudewaldes sowie die offenen Sandflächen und Triftrasen werden durch das Weidevieh (hier Pferde) auch heute noch aufrechterhalten. Gemäß der vorherrschenden Bedingungen lassen sich vier Vegetationsbereiche unterscheiden: Hudewald mit vorgelagertem Gebüschmantel, Triftrasen, Sandflächen sowie die Gewässerbereiche [nach POTT 1999].

3.1) Vegetation des Hudewaldes

Der Hudewald zeichnet sich durch seinen unregelmäßigen Aufbau aus einzelnen Baumgruppen aus, die vielfach aus Verbuschungsformen hervorgegangen sind und vielfältige Nutzungsanzeichen eines Hudewaldes aufzeigen. Hierzu gehören neben Verbissspuren auch Schneitelungs- und Kappungsrelikte aus früherer Zeit (Abbildungen 7,8).

Abbildungen 7 und 8:
Links eine alte Eiche mit deutlich erkennbaren Spuren früherer Kopfschneitelung.

Die Wucherungen der alten Eiche im rechten Bild sind durch Verbiss von Vieh hervorgerufen worden.

Die vorherrschende Baumart ist die Stieleiche (*Quercus robur*), andere Arten wie Hainbuche, Feldahorn und Schwarzerle sind nur vereinzelt anzutreffen. Obwohl die Hudewälder relativ licht sind, fehlt Baumjungwuchs völlig, da dieser sofort verbissen wird. Auch die älteren Bäume zeigen eine deutliche Fraßkante so hoch das Vieh reichen kann [POTT 1999]. Dies führt zu dem typischen Bild eines Hudewaldes durch den man Bodennah praktisch ungehindert durchblicken kann. Die Krautschicht im Hudewald ist durch den Beweidungseinfluss stark gestört, es finden sich nur wenige und vorrangig stickstoffliebende Arten wie z.B. Knoblauchsrauke (*Alliaria petiolata*), Gundermann (*Glechoma hederacea*), Brennnessel (*Urtica deoica*) und einige Doldenblütler.

Zu den offenen Trittflächen ist die Gebüschformation aus Schlehe (*Prunus spinosa*), Weißdorn (*Crataegus monogyna*), Kreuzdorn (*Rhamnus cathartica*) und Hartriegel (*Cornus sanguinea*) stark ausgeprägt, wobei die ersten drei und dabei vor allem die Schlehe aufgrund ihrer Sprossdornen durch das Vieh nicht gefressen werden. Oftmals ist zu beobachten, dass im Schutze eines Schlehengebüsches neue Bäume heranwachsen und schließlich über das Gebüsch hinausragen (Abbildung 9). Dieser natürliche Fraßschutz ist für die Verjüngung des Waldes unerlässlich, da er sonst mit der Zeit und nach absterben der letzten alten Bäume zu einer offenen Weidefläche degradieren würde.

Abbildung 9:
Stieleiche die im Schutze eines Schlehengebüsches herangewachsen ist und dieses nun überragt.

3.2) Vegetation der offenen Flächen

Auf den vorwiegend durch das Vieh offen gehaltenen Flächen findet sich ein feines Vegetationsmosaik verschiedenster Arten. Hier spielen neben der Beweidung vor allem die Wasserversorgung und der Nährstoffgehalt sowie die Beschaffenheit der Böden eine entscheidende Rolle als Standortfaktor. Insgesamt sind die Standorte hauptsächlich auf Niederschläge zur Wasserversorgung angewiesen und nur in den tieferen Bereichen spielt zumindest zeitweise auch das Grundwasser eine Rolle. Hier ist zudem der Humusanteil im

Boden höher und die Nährstoffversorgung besser als auf den etwas höher liegenden Flächen. In diesem Bereich siedeln Arten der Weidelgras-Weißklee-Weide **Lolio-Cynosuretum** in der der Weißklee (*Trifolium repens*) zahlenmäßig hervortritt. Typische Vertreter magerer Standorte fehlen, da die Nährstoffversorgung hierfür bereits zu günstig ist. Auf den etwas höher liegenden Flächen siedelt dann eine nur noch vom Regenwasser gespeiste Pflanzengesellschaft der Rotschwingel-Magerweide mit *Festuca rubra*, *Viola canina, Hieracium pilosella* und weiteren an magere und trockenere Standorte angepassten Arten. Auf den offenen Trittflächen schließlich finden sich Gesellschaften des Sandtrockenrasens. Es treten u.a. Arten wie Silbergras (*Corynephorus canescens*), Sandsegge (*Carex arenaria*), Sandthymian (*Thymus serpyllum*) und Heidenelke (*Dianthus deltoides*) auf, die unter der Gesellschaft des **Spergulo-Corynephoretum** zusammengefasst werden können (Abbildung 10). In einigen Bereichen haben sich auch im Borkener Paradies Heideflächen gebildet, die wiederum der Gesellschaft des **Genisto-Callunetum** zuzuordnen sind [nach: POTT 1999] (Abbildung 11).

Die Vegetation der Gewässer wurde während der Exkursion aufgrund des schlechten Wetters nicht näher angesprochen, hier sei nur erwähnt, dass sich in dem Emsaltarm unter anderem *Wolfia arrhiza, Lemna minor, L. trisulca* und *Apium inundatum* fanden.

Abbildung 10:
Spärliches **Spergulo-Corynephoretum** auf einer durch Viehtritt offen gehaltenen Fläche.

Abbildung 11:
Heideaspekt im Borkener Paradies mit Hudewaldrelikten und Weidelgras-Weide.

4) Die Dünenlandschaft Kootwijkerzand in den Niederlanden

Der Kootwijkerzand ist eine Binnendünenlandschaft an der Ortschaft Kootwijk in den Niederlanden, etwa 12 km westlich von Apeldoorn gelegen. Die aus Eiszeitlichen Sanden aufgebaute Dünenfläche ist in erster Linie durch anthropogene sehr intensive Nutzung des Gebiets durch Beweidung entstanden. Nachdem der ursprünglich vorhandene Wald durch den Weideeinfluss zurückgegangen war und sich eine Heidelandschaft ausgebildet hatte, wurde die Landschaft durch anhaltende intensive Beweidung, Erosion und Sandverwehungen weiter zu offenen Sandflächen degradiert. Diese waren nicht nur unnutzbar für weitere Beweidung, sie stellten durch großflächige Sandverwehungen auch eine ernsthafte Bedrohung für nahe liegende Ortschaften dar, die im schlimmsten Fall aufgegeben werden mussten und anschließend unter den Sanden begraben wurden. Um dieses Problem in den Griff zu bekommen wurden zumindest am Randbereich des Dünengebietes Kiefern (*Pinus sylvestris*) angepflanzt, um den Boden zu festigen. Pflanzungen von *Ammophila arenaria,* dem Strandhafer, waren nicht erfolgreich, da dieser auf den nährstoffarmen und recht trockenen Böden nicht gedeihen konnte.

Da das Dünengebiet nur am Rande und nicht großflächig wieder aufgeforstet wurde blieben die inneren Dünenbereiche erhalten. Heute versucht man durch „aktiven Naturschutz" (Mahd, anlegen von Flugsand-Deichen und aufschütten großer Sandflächen) die Dynamik des Binnendünengebietes zu erhalten und dadurch eine langsame Sukzession über Heideformationen zum Kiefernwald zu verhindern. So wird die große Biodiversität des Gebietes erhalten und es finden sich viele Sukzessionsstadien von der Pioniervegetation auf offenen Sandflächen bis hin zu Kiefern- und Birkenjungwuchs auf Heideflächen (Abbildung 12).

Abbildung 12:
Landschaftsaspekt aus dem Kootwijkerzand. Im hinteren Bereich ist eine kleine Heidefläche zu erkennen, auf den dunkel erscheinenden Flächen ist Sand von Silbergrasfluren und Kryptogamen bewachsen.

4.1) Vegetation des Kiefernwaldes

Im Rahmen der Exkursion wurde zunächst der umgebende Kiefernwald durchwandert und später die offenen Flächen untersucht. Wobei hier vor allem die Sukzession von der offenen, spärlich bewachsenen Sandfläche zur Heidelandschaft begutachtet wurde.

Die heute in dem Gebiet anzutreffenden Kiefern sind zwar überwiegend anthropogen angepflanzt worden, der Standort entspricht allerdings auch ihrem natürlichen Vorkommensbereich. Durch Nährstoffeinträge über Luft und Regenwasser reichern sich die sonst sehr armen Sandböden langsam mit Nährstoffen an. Dies zeigt das Aufkommen bestimmter Arten wie z.B. *Avenella flexuosa* (= *Deschampsia flexuosa*), *Pleurozium schreberi* (Hylocomiaceae) und *Corydalis claviculata*, die an bessere Standortbedingungen gebunden sind, sowie der allgemeine Rückgang von Flechtenarten. Die Strauchschicht wurde vor allem von *Empetrum nigrum* und *Vaccinium myrtillus* gebildet, stellenweise trat vermehrt die eingewanderte Art *Prunus serotina* auf. Insgesamt lässt sich die Vegetation der Gesellschaft **Dicrano-Pinetum sylvestris** zuordnen, auf der Exkursion wurde auch Deschampsio-Pinetum genannt, wobei die Drahtschmiele gehäuft nur an den Wegrändern auftrat und zum Waldinneren rasch von den Heidesträuchern abgelöst wurde; Evtl. kann man deswegen auch eher von einem **Empetro-Pinetum** sprechen.

4.2) Vegetation der offenen Sandflächen und Heideflächen

Die Pioniergesellschaft der offenen Sandflächen ist das **Spergulo-Corynephoretum**. Hier siedeln zunächst vor allem die Sandsegge (*Carex arenaria*) und das Silbergras (*Corynephorus canescens*). Beide Arten tragen mit ihrem ausgedehnten Wurzelsystem zu Festigung des Sandes bei und sind nicht empfindlich gegen Übersandung, sondern bedingt auf diese Angewiesen [Berger-Landefeld, Sukopp; 1965 in POTT 1995]. Unter trockenen Bedingungen treten dann vor allem Kryptogame hinzu wie das ebenfalls übersandungs unempfindliche Moos *Polytrichum piliferum* und diverse Flechtenarten der Gattung *Cladonia* (z.B. *Cladonia portentosa, C. diversa, C. pyxidata*). Auch die Charakterart *Spergula morisonii* kommt hinzu. In älteren Stadien der Silbergrasfluren kommt teilweise dominierend das neophytische Moos *Campylopus introflexus* vor (Abbildung 13), im beobachteten Gebiet vom Kootwijkerzand stellt dies allerdings kein dauerhaftes Problem dar, da das Moos keine Übersandung verträgt und so durch die hohe Dynamik des Gebietes immer wieder zurückgedrängt wird.

Abbildung 13:
Stark von *Campylopus introflexus* dominiertes **Spergulo-Corynephoretum**. Außer einigen Silbergrasbüscheln ist der gesamte Boden mit dem neophytischen Moos bedeckt.

Fehlt eine intensive Dynamik (starker Tritt, ständige Sandverwehung, extremer Verbiss) können vermehrt auch andere Gräser wie *Festuca ovina* und *Agrostis vinealis* in den Silbergrasfluren auftreten und schließlich als erster Strauch *Caluna vulgaris* die Flächen besiedeln. Hier bildet sich dann eine flechtenreiche Vegetation aus die der Gesellschaft des **Genisto-Callunetum** zuzuordnen ist. Es traten *Genister anglica* und *Genister pilosa*, sowie weitere Kryptogame auf, hier seien nur die seltenen Flechten *Cladonia strebsilis, C. zopfii* und *Stereocaulon condensatum* genannt.

Bereiche die nicht durch dynamisierende Prozesse auf diesem Vegetationsstadium gehalten werden oder sogar wieder zu offeneren Sandflächen degradieren, können sich langsam Bäume ansiedeln. Vor allem die bereits genannte Kiefer und teilweise auch Birken leiten die Sukzession zum Wald ein. Je nach vorliegender spezieller Vegetation bilden sich zunächst **Pinesto-Callunetum** oder **Cladonio-Pinetum** Gesellschaften aus, die schließlich in die Abschlussgesellschaft des unter 4.1 bereits angesprochenen **Dicrano-Pinetum sylvestris** übergehen.

5) Der Nationalpark de Hooge Veluwe in den Niederlanden

Der Nationalpark „de Hooge Veluwe" liegt etwa 10 km südwestlich von Apeldoorn und etwa 8 km nordwestlich von Arnheim. Er umfasst insgesamt eine Fläche von 5500 ha und bietet neben den landschaftlichen Aspekten auch einen kulturellen Höhepunkt in Form des Kröller-Müller Museums und einiger architektonisch bedeutender Denkmäler. Auch ein Besucherzentrum mit interessant und aufwendig gestalteten Informationen über Natur, Landschaft, Kultur und Geschichte findet sich in dem Nationalpark. Der Park umfasst insgesamt recht verschiedene Landschaftstypen mit Moor-, Sanddünen- und Waldgebieten, wobei im Rahmen der Exkursion nur die Dünenfläche näher begutachtet wurde [Abschnitt nach: www.hogeveluwe.nl]

5.1) Vegetation des Nationalparks de Hooge Veluwe

Die Sand- und Dünenflächen des Nationalparks sind in ihrer Genese vergleichbar mit denen des Kootwijkerzand und ebenfalls Relikte anthropogener Übernutzung. Ebenso finden sich hier Kiefernwälder, Heideflächen und offene Sandflächen mit Pioniervegetation, sowie Übergangsstadien zwischen den einzelnen Formationen. Auch im Nationalpark muss aktiver Naturschutz betrieben werden, um die offenen Flächen zu erhalten und eine Sukzession zum Wald zu verhindern. Zu diesem Zwecke wurden zahlreiche Bäume gefällt, die Humusschichten abgetragen und neue Sandflächen aufgeschüttet. Eine besonders große und erst 2002 aufgeschüttete Sanddüne wurde mit der Exkursionsgruppe aufgesucht; Pioniervegetation hatte sich allerdings noch nicht etabliert (Abbildung 14).

Die Pflanzengesellschaften des Parks sind im Wesentlichen schon im vorausgehenden Text besprochen worden, sie seinen hier nur noch einmal kurz aufgelistet:

Spergulo-Corynephoretum
Campylopus introflexus Gesellschaft
Genisto-Callunetum
Pinesto-Callunetum
Dicrano-Pinetum sylvestris

Abbildung 14:
Die erst 2002 aufgeschüttete große Düne ist knapp zwei Jahre später noch völlig Vegetationsfrei.
Im Hintergrund ist der Kiefernwald des Nationalparks de Hooge Veluwe zu erkennen.

6) Literaturliste

POTT, R.(1995): Die Pflanzengesellschaften Deutschlands. 2.Auflage, Verl. Eugen Ulmer Stuttgart

POTT, R. (1999): Nordwestdeutsches Tiefland – Zwischen Ems und Weser. Verl. Eugen Ulmer Stuttgart

SENGHAS, K. & S. SEYBOLD (2000): Schmeil-Fitschen, Flora von Deutschland und angrenzender Länder. 91. Auflage, Quelle & Meyer-Verlag Wiebelsheim

TERLUTTER, H. (2004): Das Naturschutzgebiet Heiliges Meer. Landschaftsverband Westfalen-Lippe (LWL)

WILMANNS, O. (1993): Ökologische Pflanzensoziologie. 5. Auflage, Quelle & Meyer-Verlag, Heidelberg - Wiesbaden

Internetquelle: www.hogeveluwe.nl